AF542621

CONJECTURES
PHYSICO-MECHANIQUES
SUR
LA PROPAGATION DES SECOUSSES DANS LES TREMBLEMENS DE TERRE,

Et sur la disposition des Lieux qui en ont ressenti les effets.

Tange montes...... & conturbabis eos. *Ps.* 143. V. 6. & 7.

M. DCC. LVI.

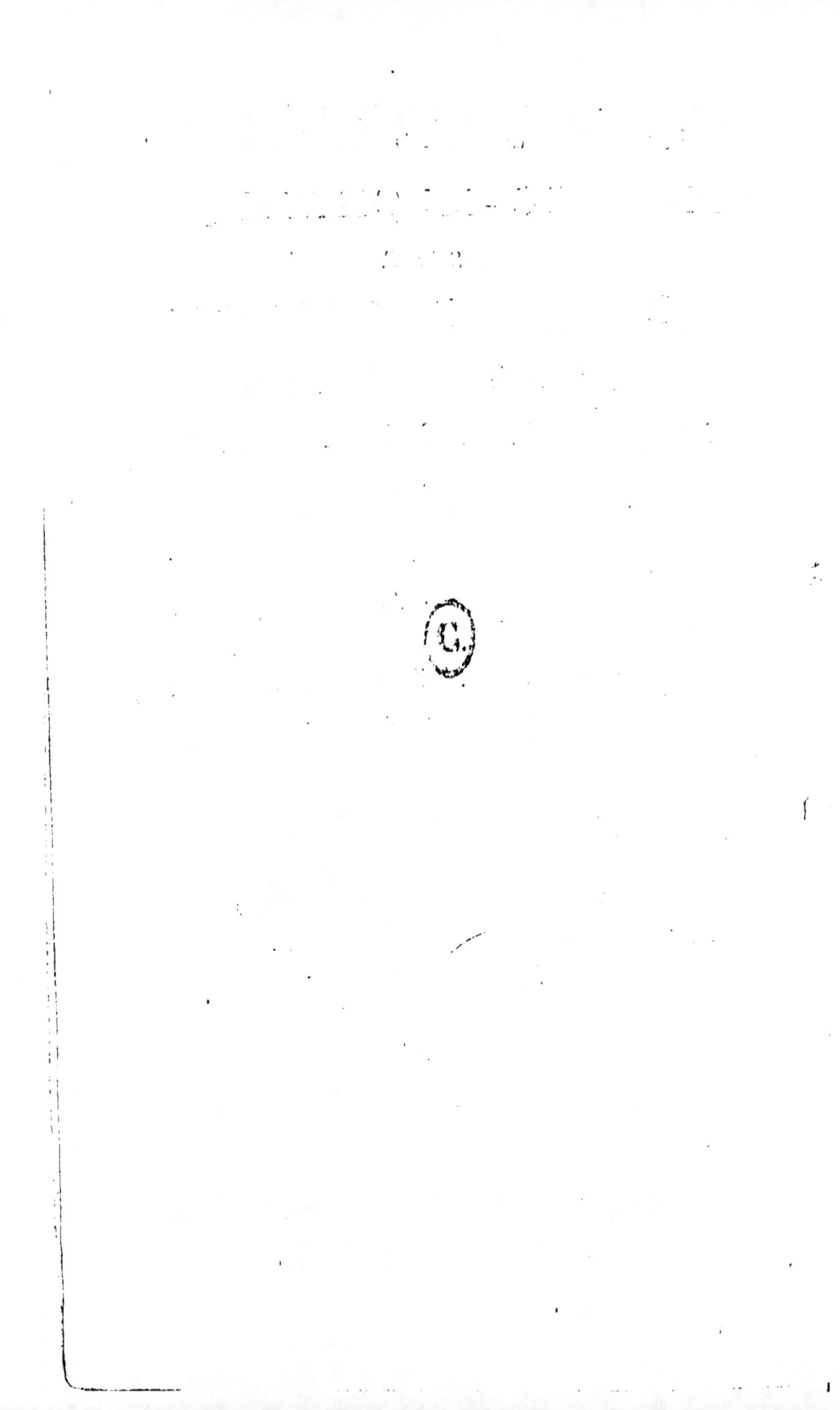

CONJECTURES
PHYSICO-MECHANIQUES
SUR
LA PROPAGATION
DES SECOUSSES
DANS LES TREMBLEMENS DE TERRE,

Et sur la disposition des Lieux qui en ont ressenti les effets.

PRÈS avoir donné, comme Citoyen, les premiers momens aux réflexions morales qu'inspirent naturellement les terribles catastrophes que la Nature en tourmente nous offre de toutes parts ; j'ai médité en Physicien sur les principales circonstances de ces Phénoménes si étendus, si multipliés, & sur le méchanisme de ces commotions désastreuses, qui se transmettent à des distances immenſes, & qui ſemblent affecter de s'élancer de l'extrêmité de l'Europe à l'autre, de l'Equateur au Pole, pour porter preſqu'en même tems l'allarme & la déſolation dans des régions éloignées.

Cette ſimultanéité de commotion * vous paroît, me dites-vous, indiquer des phénoménes liés enſemble par une correſpondance de tems trop marquée & trop conſtante, pour qu'ils ne ſoient pas les effets d'une ſeule & même cauſe. Mais, d'un autre côté, la vaſte étendue que l'on eſt forcé de donner à l'action de ce principe, vous allarme, & vous détermine preſque à le multiplier dans tous les endroits où les ſecouſſes ſe ſont fait ſentir.

Enviſageant la difficulté de faire diſparoître ces contradictions au moins apparentes, & de trouver un dénouement raiſonnable qui conciliât l'unité du principe avec l'étendue de ſon action, j'ai laiſſé parler les faits, comme une ſource féconde de lumiére & d'inſtruction, & comme un moyen très-

* Le Tremblement de terre s'eſt fait ſentir à la même heure dans des endroits éloignés de plus de trois à quatre cens lieues, & dans les mêmes jours, comme nous le verrons par le détail de ces événemens tiré des nouvelles publiques.

capable de fixer nos idées ſur l'objet de votre curioſité & de mes recherches. Ainſi les principaux événemens, conſignés dans les papiers publics juſqu'au 30 Décembre 1755, m'ont fourni la combinaiſon de tous les agens dont j'ai cru entrevoir le jeu dans la propagation de ces ſecouſſes, qui ont parcouru de ſi vaſtes continens.

Comme les faits ſeuls & iſolés n'annoncent rien que de vague, je me ſuis cru permis de les interpréter en les rapprochant. Leur diſcuſſion, leurs rapports mutuels, leur enſemble m'ont fait naître l'idée du méchaniſme que je vais vous expoſer.

Vous ſavez, Monſieur, que notre globe eſt ſillonné à ſa ſurface par pluſieurs grandes chaînes de montagnes, qui ſe lient & s'uniſſent dans chaque continent, & qui ont une correſpondance très-marquée d'un continent à l'autre. Ces chaînes embraſſent, tant par leurs troncs principaux, que par des ramifications collatérales, preſque toute l'étendue de la ſurface du globe que nous connoiſſons. Les montagnes qui forment les tiges principales, ſont les plus

* *Varenn. Geograph. general. de montibus, & Hiſt. natur. tom.* 1.

considérables, & par leur hauteur, & par leur masse. Elles occupent & traversent ordinairement le centre des continens. Pour s'en convaincre, sans voyager au loin, il suffit de jetter les yeux sur nos meilleures cartes, d'y suivre le cours des grands fleuves, & la distribution générale des eaux dans les différentes parties de la terre. Les riviéres se portant toujours des lieux élevés vers les lieux bas, & des croupes des montagnes vers les côtes de la mer; parce qu'elles ont besoin d'une pente pour favoriser l'écoulement des eaux qu'elles charient; c'est une conséquence naturelle que la direction des sommets, & des chaînes allongées soit marquée par cette suite de points où les fleuves viennent prendre leur source, & par cet espace qu'ils laissent vuide entre eux, en se distribuant à droite & à gauche.

C'est une observation aussi constante que les Isles qui avoisinent les continens, & qui bordent leurs rivages, se trouvent dans la direction des chaînes principales, ou des branches collatérales dont nous venons de parler. Les petites isles ne sont proprement que la continuation des sommets de ces chaînes, dont les pointes ſont aſſez élevées pour paroître ſur la ſuperficie des eaux. Ceux qui ont moins de hauteur, forment des bas-fonds & des écueils, ou des roches à fleur d'eau.

On retrouve dans les iſles qui ont une certaine étendue, des appendices de ces ſommets montueux conſtamment aſſujettis à l'alignement des chaînes qui ont traverſé les continens. Vous pouvez-vous convaincre auſſi par pluſieurs indices frappans que les Iſles même éloignées correſpondent aux chaînes qui s'abaiſſent ſous l'eau : les Journaux des Navigateurs ſont pleins d'obſervations qui les atteſtent. Vous remarquerez entre les continens & ces iſles, des bas-fonds, des mers vertes, des écueils, & même d'autres petites iſles, qui vous tracent ſenſiblement la route que ſuivent les chaînes marines & dont les iſles éloignées ne ſont que les parties les plus éminentes & plus élevées que le niveau de la mer.

Vous avez vu dans les Mémoires de l'Académie des Sciences de 1710, le détail d'une opération de M. le Comte de Marſigly, qui établit cette prétention d'une maniére inconteſtable. Ce Sçavant laborieux s'eſt aſſuré de l'exiſtence d'une de ces chaînes continuées ſous la mer depuis les côte de Provence juſqu'aux iſles Saint Honorat. En portant la ſonde dans l'étendue du golphe de Lyon, compriſe entre le cap Siſſé & le cap d'Agde, il découvrit que le fond de la mer étoit ſillonné par une éminence ſuivie de la terre ferme aux iſles correſpondantes, & conclut des réſultats de ſes ſondes, que ces pointes de terre élevées au-deſſus des eaux étoient une continuation de la côte & des Alpes, qui s'abaiſſent ſous la Méditerranée. C'eſt d'après ces principes & d'après l'obſervation de ces bas-fonds, de ces parages remplis d'une infinité d'herbes marines qui annoncent des mers peu profondes, des pointes de rochers à fleur d'eau, des vigies, que M. Buache * a figuré la direction que ſuivent ſous l'eau certaines chaînes principales, & ſur tout celles qui ſont entre l'Amérique & l'ancien

* Conſultez la carte ſur l'iſle de Noronha, & celles qui ſe trouvent dans le Recueil qui accompagne les Conſidérations Géographiques. J'ai vû il y a quelques années, chez cet habile Géographe, le détail des ramifications des montagnes de la France ; il ſeroit à déſirer qu'il le publiât, on pourroit ſuivre plus aiſément l'expoſition que j'en fais dans la ſuite.

Monde, & qui réunissent les deux continens depuis les côtes d'Afrique jusqu'à celles du Bresil & de la Nouvelle Angleterre.

Il est encore d'autres objets qui méritent notre attention ; ce sont les montagnes de moindre hauteur, qui naissent de ces chaînes principales ; elles semblent être des branches qui partant de ces troncs, étendent leurs rameaux à droite & à gauche. Ces montagnes diminuent insensiblement de hauteur à mesure qu'elles s'éloignent de leur tige, & vont mourir, ou sur les côtes de la mer, ou dans des pays plats. Cette dégradation, qui commence au centre des continens où elles s'adossent aux troncs principaux, éprouve quelques irrégularités & quelques interruptions, & elle se termine enfin par des collines. La surface de ces terreins, qui témoignent une pente plus ou moins rapide, paroît être disposée proportionnellement aux différentes couches ou lits concentriques au globe ; & ces couches ont une tendance marquée à s'appuyer sur la base & sur les croupes des montagnes principales, lesquelles sont formées de noyaux de carriéres, ou de couches de terre inclinées vers les différentes directions des rameaux.

D'après cet exposé, vous entrevoyez déja, Monsieur, l'influence que ces masses, placées en bon ordre sur la surface de notre globe, pourront avoir dans le méchanisme de la propagation des secousses, que j'essaie d'établir. Pour suivre avec plus d'aisance & de sûreté, les démarches de la Nature, fixons nos regards sur le cours de ces chaînes, leurs liaisons, leur distribution, leur dépendance réciproque.

Prévenus de ces considérations nous jetterons maintenant un coup-d'œil éclairé sur notre globe. Ce qui attire d'abord notre attention, ce sont ces masses énormes & ces chaînes étendues qui séparent l'Italie de la France & de l'Allemagne. Les Alpes sont les plus hautes montagnes de l'Europe ; puisque, suivant notre principe, il en sort une quantité de grands fleuves qui voiturent leurs eaux sur les divers plans inclinés, qui doivent s'étendre depuis les sommets de ces montagnes jusqu'aux différentes mers éloignées, où ils ont leurs embouchures. Le Pô qui se rend dans la mer Adriatique ; le Rhin qui se perd dans les sables en Hollande ; le Rhône qui se précipite dans la Méditerranée ; & enfin le Danube qui va chercher au loin la mer Noire, après avoir traversé l'Allemagne : ces quatre principaux fleuves, dis-je, qui portent le tribut de leurs eaux dans des mers si éloignées, prennent leurs sources au pied des montagnes de S. Godard.

Si nous parcourons les autres parties du monde, nous trouverons en Asie le mont Taurus qui s'étend sous différens noms jusqu'aux montagnes de la Chine & de la Tartarie ; en Afrique le mont Atlas & les monts de la Lune ; dans l'Amérique l'énorme chaîne des Cordillères. Voilà les troncs principaux des différens continens : examinons leur cours. Suivez-le d'Occident en Orient, vous verrez les Pirenées, les Cévenes, les Montagnes de la Suisse, celles de la Hongrie, de la Turquie d'Europe, & de la Russie, présenter une continuité de sommets qui ne sont que l'extension des Alpes : ensorte que les Alpes, prises dans toute leur étendue, forment une chaîne suivie qui traverse l'Europe de l'Ouest-Sud-Ouest à l'Est-Nord-Est. Cette chaîne commence à sortir de l'eau au détroit de Gibraltar, & arrive aux Pirenées après avoir traversé l'Andaloufie, la Caftille & la Navarre. De-là elle fe continue dans le Languedoc, dans l'Auvergne, dans le Vivarais, dans le Forêt, fépare l'Italie de la France, traverfe la Suiffe, fe rend en Allemagne, borde la Hongrie, fe répand, d'un côté dans toute la Turquie d'Europe, d'un autre va courir dans les régions glacées du vafte Empire des Ruffes.

Paffons en Afie, nous appercevons ce beau continent tout fillonné par le mont Taurus, qui commence fur les bords de la mer du Levant, & fe porte jufqu'aux Indes; de-là gagne les montagnes de la Chine & celles du Japon. Il fe lie au mont Caucafe, qui étend fes vaftes branches dans la Tartarie jufqu'au Kamkhatka.

Si nous revenons au détroit de Gibraltar, nous trouvons en Afrique le mont Atlas, qui traverfe le continent entier d'Occident en Orient, depuis le Royaume de Fez & de Maroc jufqu'à l'Egypte; d'un autre côté il fe joint au mont Amedede, qui commence au cap Bajador, &court jufques dans la Libye, fuivant une direction parallele au mont Atlas. Une chaîne fe détache de celle-ci, traverfe le Sara ou Défert, & va rejoindre les hautes montagnes du Monomotapa, par le centre de l'Afrique. La longue chaîne des Cordilléres commence au détroit de Magellan, traverſe le Chili & le Perou, s'inſinue dans l'iſthme de Panama, & va étendre ſes branches dans la nouvelle Eſpagne & le Mexique.

Non ſeulement vous trouverez, Monſieur, dans tous ces différens continens, les ſommets de montagnes liés enſemble, mais vous remarquerez une correſpondance mutuelle, & une diſpoſition relative dans les chaînes d'un continent à l'autre. Ainſi celle de l'Eſpagne paſſe ſous l'eau au détroit de Gibraltar, & va gagner le mont Atlas. Celui-ci ſe continuant par l'iſthme de Suez, va rejoindre le mont Taurus. La chaîne de la Hongrie & de la Turquie d'Europe, s'unit aux montagnes de l'Aſie, en traverſant la mer par l'Archipel, & par les détroits de Conſtantinople & des Dardanelles.

Mais, outre ces troncs principaux, il faut auſſi conſidérer attentivement les ramifications collatérales * qui leur

* Je n'entrerai ſur celles-ci que dans le détail dont j'ai beſoin pour leur faire l'application des faits qu'il eſt queſtion d'expliquer.

ſont adoſſées, & qui s'en détachent comme les branches d'un tronc. Ainſi la chaîne de montagnes qui traverſe l'Eſpagne, a pluſieurs branches qui s'étendent en tous ſens ſur les côtes de la mer, vers l'Occident & l'Orient; les unes ſe diſperſent dans le royaume des Algarves, le long des côtes juſqu'en Galice, & les autres dans celui de Grenade.

La chaîne continuant aux Pirenées, jette pluſieurs branches à droite & à gauche dans le Languedoc; une de celles-ci ſe porte par Tarbes, Auch, Bazas juſqu'à Bordeaux : du Languedoc elle gagne le Vivarais, l'Auvergne & le Forêt. En Auvergne il ſe détache deux branches, dont l'une court par l'Orléanois & la Beauce en Normandie, & l'autre par le Soiſſonnois & la Picardie en Artois; & traverſant le détroit ſous l'eau entre Calais & Douvres, elle ſe répand en Angleterre. La branche de Picardie ſe ramiſie au-deſſous de Cambrai, paſſe à Mons & à Bruxelles.

Revenons à la chaîne du Forêt, & nous lui verrons étendre quelques branches dans la Bourgogne, dans la Franche-Comté, & dans la Breſſe. Le tronc principal gagne la Suiſſe & les Griſons;

il traverſe la Souabe, la Franconie, le Brandebourg, le Duché de Brunſwic, le Holſtein, & aboutit aux côtes de la mer Baltique. Mais cette mer n'oppoſe pas des barriéres que ces chaînes ne puiſſent traverſer. La chaîne du Holſtein, après avoir diſparu, & s'être un peu abaiſſée ſous le Sund, reparoit en Norwege, en Dalecarlie & ſe continue par l'Iſlande en Groenland.

Les ſommets élevés de Hongrie, ſous le nom de Crapack, vont gagner la Moldavie, jettent des branches en Bulgarie, dans la Romanie, &c. Les Alpes du Tirol forment des ramifications dans le Piemont & le Milanois, & dirigent leurs diverſes ramifications par la Carinthie, la Macédoine, juſqu'à l'Archipel, qu'ils traverſent ſous l'eau comme les pointes innombrables des iſles dont eſt parſemée cette mer, nous l'indiquent.

Une branche des Alpes coupe le milieu de la preſqu'iſle d'Italie dans toute ſa longueur, ſous le nom d'Appennin, & une ramification qui ſe porte à l'éperon de la botte, vers Porto-Greco, après avoir traverſé la mer Adriatique & la République de Raguſe, gagne ſous l'Archipel, Smirne & l'Aſie Mineure.

Les montagnes de Hongrie forment auſſi une branche qui ſe porte dans la Pologne & la Moſcovie ; elle joint les monts Riphées, qui s'étendent depuis la mer Blanche juſqu'à la Tartarie, & que les Moſcovites regardent comme une ceinture de pierre qui enveloppe le globe entier : dans cette idée ils les appellent * *Veliki Kameny-poyas* (*magnum cingulum lapideum.*)

La chaîne d'Eſpagne ſe réunit au mont Atlas, comme nous l'avons vû, en traverſant le détroit de Gibraltar ; le mont Altas va gagner ſous l'eau au cap Bajador les Canaries, qui communiquent elles-mêmes à Madere & aux Açores, & au cap Blanc le iſles du cap Verd. Toutes ces iſles ne ſont que des cones ou pyramides élevées comme le pic de Teneriffe dans l'iſle de Fer, le pic de S. Georges dans l'une des Açores. La route de la chaîne, qui ſe continue ſous l'eau pour réunir ces iſles, eſt tracée par des roches, quelques bancs de ſable, & une file de petites pointes aſſez ſuivie depuis les Canaries juſqu'à la Nouvelle Angleterre, à Terre-neuve & même au Groenland en paſſant par les

* *Varenn. Geogr. general. de montibus*, *Prop. VI.*

Açores, & des Açores aux Lucayes & aux Antilles. La plupart de ces isles ne sont proprement que les pointes les plus élevées de la chaîne, & celles qui ont une certaine largeur, sont séparées en deux parties par une éminence très-marquée, qui les traverse dans la direction des autres isles, & qui en diminuant de hauteur depuis le centre jusqu'à leurs extrémités de part & d'autre, indique des appendices de la chaîne dont ces masses élevées sont partie, & qui paroît s'abaisser insensiblement sous les eaux.

Tout ce détail étant supposé bien conçû & envisagé sous ce point de vû de correspondance & de liaison, qui se rencontre presque toujours, & dans les ouvrages de la Nature, & dans le méchanisme qu'elle adopte; il est facile de vous faire concevoir en deux mots, comment les montagnes concourent à la propagation des secousses dans les tremblemens généraux. *

* Je ne parle ici que des tremblemens qui embrassent une grande étendue de la surface de la terre : il faut les distinguer de ces tremblemens locaux qui ne se portent qu'à de très-petites distances, & dans une circonférence de terrein. Ce n'est pas ici le lieu d'expliquer la raison de ces distinctions.

Les chaînes des montagnes tant principales que collatérales dont je viens de donner le détail, me paroissent être une file de Billes plus ou moins élastiques, placées sur une même ligne & qui se touchent immédiatement l'une & l'autre. Un amas de matiéres inflammables qui se trouve renfermé dans le sein d'une des chaînes de montagnes principales par les efforts & l'action de ses explosions violentes, pousse & tend à écarter les masses qui lui résistent, & les files de montagnes qui viennent aboutir à son foyer peu profond; il leur communique nécessairement par l'expansion des matiéres inflammables & par la dilatation des vapeurs, des commotions, qui, en vertu de la liaison & de la correspondance de toutes les chaînes, se transmettent par voie de retentissement, avec une vîtesse & une activité très-grandes.

Maintenant que vous avez une idée succinte du Méchanisme que j'essaie d'établir pour propager les secousses à des distances considérables & presque dans le même temps, & que vous entrevoyez l'usage que je prétends faire de tout cet échafaudage des chaînes de montagnes & de leurs ramifications;

je vais vous exposer quelques principes simples, à l'aide desquels vous pourrez vous guider dans la maniére dont vous ferez jouer toutes ces masses agitées par l'explosion des feux souterrains.

PREMIER PRINCIPE

Un levier agité par une de ses extrémités & fixé de telle sorte qu'il éprouve des commotions dans toute sa longueur, exécute des vibrations plus étendues dans les parties les plus éloignées de l'extrémité qui a reçu l'impression de la secousse.

Secouez un arbre, les branches sont dans une agitation très-grande pendant que la commotion du tronc ne lui fait exécuter aucune vibration bien sensible. Les secousses des maisons occasionnées par une pesante voiture qui ébranle le pavé, augmentent d'étendue dans les étages plus élevés, ensorte que les agitations sont plus marquées au troisiéme étage qu'au second, & au quatriéme qu'au troisiéme.

COROLLAIRE.

Un levier très-long peut être ébranlé d'une maniére plus marquée vers une de ses extrémités par une force peu considérable appliquée à l'autre, qu'un levier très-court ne le seroit par un agent bien plus puissant. Cependant si le levier s'allongeoit beaucoup ou s'il étoit dans une direction peu favorable, les vibrations ne croîtront pas comme sa longueur.

SECOND PRINCIPE

Le mouvement de commotion & de retentissement communiqué dans des corps solides & élastiques se transmet aux corps intimement unis aux premiers, lorsqu'ils ont la même solidité & la même élasticité : ensorte que si les corps animés d'un mouvement de commotion ne trouvent pas de résistance, ils ne transmettront que de foibles secousses.

La réaction des corps élastiques choqués, augmente considérablement & double même quelquefois l'énergie du corps choquant. Vous sçavez que si un boulet de canon vient à frapper des corps élaſtiques & durs, comme des murs de grès, il tranſmet ſon mouvement à une plus grande profondeur & cauſe des déſaſtres plus étendus dans les fortifications.

TROISIÉME PRINCIPE.

Le mouvement communiqué par voie de retentiſſement & de commotion à une file de corps ſe fait ſentir d'une maniére plus marquée à ceux qui terminent la file: enſorte que les maſſes qui occupent le milieu & qui ne peuvent ſe déplacer ne ſervent proprement que comme des moiens de communication d'un mouvement qu'elles n'éprouvent pas ſenſiblement. Mais ce mouvement cauſe un déplacement très-marqué dans les parties iſolées & non ſoutenues qui ſont à l'extrémité de la file des corps choqués: car toute la force qui anime ſucceſſivement & preſque ſecrettement les maſſes intermédiaires vient s'épuiſer contre les extrémités.

On place des billes d'ivoire égales ſur une même file, avec une de ces billes qui termine la file, on frappe la ſeconde, le mouvement de commotion paſſe dans toutes les billes ſans les déplacer; mais lorſqu'il eſt parvenu à la derniére, il la détache des autres avec une force presque égale à celle qui a été imprimée à la seconde bille.

Vous avez des expériences journaliéres de ces déplacemens de corps isolés & situés à l'extrémité de longs leviers frappés par l'autre. Lorsqu'un carosse passe rapidement dans la rue, le pavé & les murs de votre appartement par le moien desquels se communique le mouvement de retentissement ne vous paroissent pas avoir une agitation marquée ; mais vos meubles isolés, les carreaux des fenêtres qui jouent produisent un cliquetis qui vous étourdit & vous incommode. Appliquez votre main à l'extrémité d'une poutre, faites frapper l'autre extrémité à grands coups de massue, votre main se détachera de la poutre, quelques efforts que vous fassiez pour l'y fixer.

Vous prévenez maintenant l'application de ces principes aux chaînes de montagnes que j'ai considérées, comme des leviers ou comme une file de billes posées sur la surface du globe, & capables par leur disposition de recevoir les commotions d'un volcan peu profond & non ouvert & de les transmettre à une très-grande distance.

1°. Si une explosion violente fait éprouver un mouvement de commotion à un tronc de nos chaînes principales, vous comprenez aisément (par le premier principe) que l'agitation sera bien plus grande, & le déplacement beaucoup plus considérable dans les extrémités des branches collatérales, (troisiéme principe); & qu'en un mot les vibrations augmenteront d'étendue vers les extrémités. Car les chaînes de montagnes sont de longs leviers qui transmettent fidélement à leurs ramifications les commotions qu'elles ont reçues, surtout lorsque (par le second principe) elles sont capables de résistance, par la solidité & l'élasticité des matiéres qui les composent.

2°. Vous voyez aussi clairement (suivant le second principe) par quelle raison la commotion une fois transmise à une chaîne, ne doit se communiquer que par le moien des ramifications auxquelles cette chaîne est intimement unie. Car leur masse est composée de matiéres d'une élasticité, & d'une solidité très-favorable à cette propagation. Les branches collatérales qui seroient formées par des amas de sables mouvans, ou des couches d'argiles & de terres ſans conſiſtance, ne recevront pas alors d'une maniére bien ſenſible les effets de la commotion. Ces circonſtances qui ſe rencontrent aſſez ſouvent ſerviront à expliquer pourquoi les ſecouſſes des Tremblemens de Terre ne ſe tranſmettent pas par une action marquée aux extrémités de toutes les branches, mais ſeulement à quelques-unes. L'action d'une chaîne principale ſur ces branches s'amortira (ſecond principe) faute d'une diſpoſition aſſez favorable pour la recevoir. Mais remarquez que les troncs principaux ſont aſſez généralement formés par des files de rochers très-durs, très maſſifs, très-élaſtiques, qui font proprement la fonction de nos billes, vû qu'ils ſont capables par leur réaction de recevoir le mouvement de commotion, & de le tranſmettre à des diſtances très-grandes ſans interruption. *

* Les fonds qui ſéparent quelquefois une ſuite de ſommets élevés, ne doivent pas produire une interruption dans la propagation du mouvement: car les mêmes matiéres ſe continuent en bon ordre dans les vallons, & forment des deux croupes de montagnes que le vallon ſemble ſéparer, un corps ſolide, & auſſi capable de tranſmettre la commotion, que ſi le vallon étoit rempli.

Vous

Vous pouvez vous procurer à vous-même en petit, ce ſpectacle que la nature nous offre en grand, avec des traits qui nous font toujours reſſouvenir de la majeſté de ſes opérations, & de la ſupériorité de ſes agens ſur nos foibles imitations. Choiſiſſez une certaine étendue de terrein ſur lequel vous ferez diſpoſer pluſieurs files de pavés ou de pierres engagées dans la terre, de telle ſorte qu'elles forment des ſommets proéminens ſur la ſurface. Les intervalles de ces petites chaînes ſeront remplis ou de ſable mouvant ou d'une terre ſans conſiſtance & non compacte: les rangées de pierres aboutiront à une eſpéce de foyer commun, où vous renfermerez un mêlange de limaille de fer & de ſouffre. Il eſt d'expérience que l'exploſion du foyer ſe tranſmettra ſeulement par les files de pavé; vû que le feu peut exercer ſon action contre des corps capables d'une réſiſtance auſſi grande que les parois du foyer même; & le mouvement de commotion & de rétentiſſement ébranlera conſidérablement les petites maſſes qui terminent les branches du pavé.

Il eſt donc établi par ce principe

& par la structure, l'organisation & la disposition des montagnes, que leurs chaînes sont les seules parties de la surface de la Terre, capables de recevoir d'un volcan, des mouvemens de retentissement & de commotion, & de communiquer les secousses à leurs branches collatérales suivant la solidité de leur noyau, & la direction plus ou moins favorable à l'explosion. Il suit que les impressions des secousses qui partent d'un foyer ou même de plusieurs en même temps ne doivent pas diminuer d'intensité, à mesure qu'elles s'étendent par les chaînes qui leur correspondent, aussi considérablement que si la commotion ébranloit la masse de la Terre environnante. Car si l'action du Volcan agitoit toute la masse de la circonférence qui l'enveloppe, le mouvement diminueroit comme la masse augmenteroit. Le cas est tout différent dans le méchanisme de là propagation des secousses que j'expose ici. La commotion se distribue à droite & à gauche par les seules chaînes de montagnes. C'est un mouvement non-seulement imprimé à l'extrémité d'un levier qui ne tient qu'en partie à la masse du globe, mais encore communiqué par ce levier, c'eſt-à-dire, par une ſuite de corps élaſtiques & durs. Or la longueur de la file de nos rochers élaſtiques, ne produira pas dans le mouvement qui en anime ſucceſſivement toutes les parties une diminution bien rapide; en ſuppoſant d'ailleurs dans les matiéres qui compoſent les chaînes, aſſez de reſſort pour recevoir & tranſmettre avec un déchet peu conſidérable, les commotions qu'un agent enflammé leur imprime.

3°. La derniére conſéquence que nous tirerons de nos principes, eſt très-importante pour le méchaniſme que nous adoptons; les extrémités des chaînes de montagnes, je veux dire, les remifications collatérales adoſſées aux troncs principaux, doivent éprouver les plus violentes ſecouſſes. Car (par le premier principe) les vibrations y ſont plus étendues. Les déplacemens doivent y avoir lieu, (par le troiſiéme principe) puiſque ces maſſes ſont à l'extrémité d'une file de corps qu'anime un mouvement de retentiſſement; & qu'étant iſolées & non-ſoutenues, elles concentrent en elles toute l'action des ſecouſſes qui ſe portent ſucceſſivement ſur une grande maſſe, & qui viennent épuiſer ſur elles ce qui leur reste d'énergie. C'est la derniére bille qui se détache de toutes les autres qui composent la file, avec une force à peu près égale à celle avec laquelle la premiere à choqué la seconde.

Ce méchanisme a une application trop marquée aux événemens funestes qui ont porté la désolation dans quelques parties de l'Europe & de l'Afrique, pour ne pas soupçonner qu'il soit celui de la nature.

Vous concevez maintenant, Monsieur, que si le foyer s'est trouvé ou aux Açores ou dans quelques-unes des Isles Canaries * comme à Madere, toute la chaîne qui aboutit sous l'eau des

* Je place le foyer dans les Açores ou dans les Canaries; parce que ces pointes de terre, & surtout Tercere & Saint-Michel, ont souvent éprouvé de ces catastrophes terribles, la plupart brûlant depuis plusieurs siécles. Le pic de S. Georges fume continuellement. Il y a des montagnes de souffre, & les matiéres inflammables y sont abondantes. Ces isles en 1591, éprouvérent d'affreuses secousses; & il est à présumer qu'en 1531, c'est-à-dire, soixante ans auparavant, époque de la désolation de Lisbonne & de Santarem, dont parle Paul Jove, elles étoient sujettes à ces ébranlemens funestes, & qu'elles ont pu aussi faire ressentir par contre-coup les mêmes commotions à ces villes infortunées. En 1614 il y eut un tremblement de terre à Tercere, & en

Isles Açores jusqu'aux Canaries, & qui s'étend ensuite dans l'Afrique & en Espagne, comme nous l'avons vu, a dû éprouver l'action des explosions

1624 un autre à Saint-Michel. Ce dernier produisit une isle d'une lieue & demie de long; & comme ses matiéres inflammables trouvérent une issue, les explosions n'ont pas dû se propager vers les chaînes qui lient ces isles à notre continent. Quelques Physiciens pensent qu'il est très-vraisemblable que les Açores sont des restes de cette terre absorbée par les eaux, qui formoit une grande isle auprès des Colonnes d'Hercule, plus grande que l'Asie & la Libye prises ensemble; & qu'on appelloit Atlantide. Elle fut abisinée & bouleversée sous les eaux, après un grand tremblement de terre. (*Voyez Platon dans le Timée.*) Les noyaux des chaînes qui traversoient cette isle, doivent être restés sous les eaux, & se joindre à différens continens.

Par rapport aux Canaries, le pic de Teneriffe dans l'isle de Fer, est toujours brulant, ainsi que bien d'autres. Ces pics renferment dans leur sein le souffre, le bitume, & d'autres matiéres inflammables. Comme ils sont composés de rochers entassés & entr'ouverts, les eaux y forment des amas, y occasionnent des fermentations violentes, des dilatations de vapeurs capables, par leur expansion, de communiquer aux chaînes qui leur correspondent, la commotion la plus vive. Il y a aussi une montagne auprès de Fez, sur les côtes de l'Afrique, qui jette continuellement des flammes: ainsi le foyer est probablement dans quelques-uns de ces endroits.

du foyer. L'ébranlement se sera fait sentir en conséquence, par voie de communication, dans les ramifications de la chaîne qui sort de l'eau vis-à-vis les Canaries & qui va gagner le Mont Atlas. Comme cette chaîne aura été disposée d'une maniére plus favorable à la direction des secousses & des commotions, les Villes situées vers l'extrémité des branches collatérales adossées au Mont Atlas, auront éprouvé les désastres les plus affreux. Or, tel est la situation des Villes de Fez, de Méquinez, de Maroc, de Salé, de Sainte-Croix, de Tetuan, de Tanger & de tous les endroits de l'Afrique qui ont essuié la désolation (*a*) des secousses les plus violentes.

(*a*) Le premier Novembre 1755, on ressentit à Maroc un affreux tremblement de terre, à la même heure qu'en Espagne. A huit lieues de cette ville la terre s'est ouverte. . . . . . Dans les villes de Saffia & de Sainte-Croix, on a éprouvé les mêmes secousses. . . . . . Les tremblemens de terre du 18 & du 19 du même mois, ont ruiné la plus grande partie des édifices des deux villes de Fez, & la fameuse ville de Mequinez. On a ressenti dans cette partie de l'Afrique de continuels mouvemens de la terre & on a été allarmé par des bruits sourds. Maroc & Salé ont été comprises dans le désastre. Le 18 on éprouva aussi à

La Commotion se sera transmise ensuite au delà du Détroit & aura causé des désastres très-grands sur les parties isolées des côtes, comme dans le Royaume de Grenade, dans l'Andalousie, dans les Royaumes des Algarves, de Portugal & même dans la Castille, (b) car la

Tetuan un second tremblement de terre (le premier étoit du premier Novembre); il continua jusqu'à l'après-midi du jour suivant. Le 20 à deux, à cinq, à neuf heures du matin & à midi, il recommença avec la même force. Le même tremblement s'est fait sentir à Tanger, & les secousses y ont été plus ou moins violentes par intervalles. *Gaz. de France.*

(b) Les secousses ont été plus violentes à Gibraltar que dans tous les autres endroits de la côte; une partie de la montagne voisine du port s'est écroulée sur la ville. Il y a eu aussi quelque dommage à Malaga, petite ville maritime du Royaume de Grenade sur la Méditerranée. La mer a ruiné Conil, petit port à cinq lieues de Cadix vers le Sud. On éprouva le premier Novembre à Cadix, sur les dix heures du matin, une forte secousse; & à onze heures la mer s'enfla considérablement. Seville, capitale de l'Andalousie, a beaucoup souffert du tremblement du même jour. On essuya aussi ce jour-là à dix heures vingt minutes à Madrid une commotion violente, qui dura huit minutes; plusieurs édifices ont été lésardés. Les secousses ont été très-fortes à l'Escurial, où elles commencérent à dix heures dix minutes. *La proximité des* chaîne traverse ce Royaume & y jette quelques branches. Le Tremblement n'a pas dû se porter dans les Provinces méridionales parce qu'elles ne sont pas parsemées de montagnes. Je soupçonnerois que les secousses ont pu se transmettre en même temps à Lisbonne & à Setuval par une chaîne qui peut s'y rendre directement sous l'eau ou de Madére ou des Açores ; (c) & les re-

montagnes (ajoute la Gazette), donnant lieu de craindre que, s'il survenoit un nouveau tremblement de terre, les secousses ne fussent plus dangereuses qu'à Madrid, la Cour quitta cette Maison Royale. Le tremblement de terre s'est fait sentir dans toute l'Espagne, excepté en Catalogne, & dans les Royaumes d'Arragon & de Valence. Barcelone n'a rien ressenti ; mais il n'y a presque aucune partie du Royaume des Algarves & de Portugal qui ne se soit ressentie des effets du tremblement. Les villes de Porto, de Saintarem, de Guimeraëns, de Bragance, de Viana, de Lamego, d'Elvas, de Villa-real, de Coïmbre, ont été très-endommagées. Il n'est plus resté aucun vestiges de Setuval, & Lisbonne a éprouvé le plus grand désastre, à la même heure que les villes de l'Afrique, & le même jour. Plusieurs montagnes, entr'autres l'Estrella, l'Arrabida, le Marvan, le Monte Junio ont été fortement ébranlées; quelques-unes se sont entr'ouvertes ; les riviéres se sont enflées.

(c) Un navire Hollandois, se trouvant à une lieue & demie du mont Zizambre, & à sept ou tentissemens opposés qui se transmettent en même temps par deux leviers différens, ont dû causer ces commotions irrégulieres, qui abbattent & renversent les édifices & qui entr'ouvrent la surface de la Terre. On pourroit aussi soupçonner l'action de différens leviers dans la partie de l'Afrique la plus maltraitée.

Mais en même temps que ces secousses se sont fait sentir en divers endroits de l'Espagne, le mouvement de retentissement, quoiqu'affoibli, a pu sans doute se continuer par les Pirénées & porter des commotions sensibles dans la Guienne & même jusqu'à Angoulême. (*d*) L'ébranlement se sera transmis par les Cévenes en Auvergne, & par les branches collatérales

huit lieues de Setuval, l'Equipage sentit une secousse violente, plusieurs gros rochers se détachérent du mont, qui se fendit. Le navire sentit encore plusieurs secousses jusqu'au coucher du soleil. Un autre navire Anglois a essuyé le huit Novembre, à plus de soixante lieues des côtes de Portugal, une violente secousse.

(*d*) On essuya à Bordeaux le premier Novembre une secousse qui dura quelques minutes. Le même jour proche Angoulême, après un bruit souterrain, la terre s'est entr'ouverte. Il y a eu des mouvemens dans les eaux de la Charante.

décrites ci-dessus (*e*) en Normandie, au Havre & près de Caen; en Flandre, à Bruxelles (*f*), en Hollande (*g*); il aura traversé le détroit de Calais, & se sera annoncé dans quelques endroits de l'Angleterre. (*h*)

(*e*) Le premier Novembre, vers les onze heures, les bâtimens qui étoient au port du Havre, parurent s'agiter. À Bléville, lieu éloigné d'une lieue du Havre, à Gainneville, situé à trois lieues du même port, on remarqua un balancement dans les eaux des mares de ce canton, assez sensible. L'oscillation de l'eau a été du Nord au Sud, (direction de la branche de montagnes qui y a communiqué la commotion.) Les eaux de la riviére d'Orne, qui passe au pont d'Ouilly près d'Harcourt, & au midi de Caën, ont été aussi agitées le même jour, ainsi qu'un étang. Une fontaine, qui avoit jetté une grande quantité d'eau & qui avoit probablement épuisé le réservoir de sa source, a tari pendant deux jours, après lequel tems elle a repris son cours ordinaire.

(*f*) La nuit du 26 au 27 Décembre, il y a eu à Bruxelles deux secousses de tremblement de terre, peu violentes.

(*g*) Le premier Novembre, vers les onze heures du matin, l'air étant fort calme, les eaux des canaux d'Amsterdam parurent tout à coup violemment agitées. L'impétuosité de la commotion emporta de côté & d'autre divers bâtimens attachés. Les secousses ne se sont fait sentir que par les eaux.

(*h*) En divers endroits de la Grande Bretagne

Le mouvement de commotion qui animoit les montagnes de l'Auvergne, se sera transmis dans la Bresse & dans la Franche-Comté (*i*); & après avoir franchi les montagnes de la Suisse, aura retenti contre les eaux du lac de Constance, se sera répandu dans la Souabe, (*k*) la Franconie, le Brandebourg, la Hongrie (à Treplitz), le Duché de Brunswic (*l*), le Holstein:

on a remarqué dans les eaux la même agitation que dans l'Allemagne, en Hollande, en Italie & en Normandie. On a senti à Irton, dans le Duché de Cumberland, une secousse.

(*i*) Le 9 Décembre, à deux heures trois quarts après-midi, il y a deux secousses à Bourg-en-Bresse; l'on a senti une légére commotion à Besançon, & dans d'autres villes de la Franche-Comté.

(*k*) Il y a eu le 9 Décembre une secousse de tremblement de terre dans la Franconie, dans la Souabe & dans le Brisgau. La même secousse s'est fait sentir en Suisse, & a produit une agitation extraordinaire dans les eaux du lac de Constance.

(*l*) Le premier Novembre, vers les onze heures & demie, le tems étant calme, les eaux des lacs Netzo, Muhlgast, Roddelin & Libbesé, situés à douze lieues de Berlin & à trente de la mer Baltique, bouillonnérent avec un mugissement effroyable : peu après elles s'élevérent & se répandirent dans les campagnes voisines, &

(*m*) ſur les côtes de la mer Baltique (*n*), & au-delà même du Sund en Dalicarlie.

La ſecouſſe tranſmiſe aux Alpes ſe ſera rendue ſenſible dans les ramifications du Piemont & du Milanois, & ſur les côtes. (*o*)

Si nous revenons aux Açores, & aux Canaries, en les ſuppoſant le foyer, le retentiſſement a dû ſe faire ſentir à Terre-neuve, à la Nouvelle Angleterre

rentrérent enſuite. Ces flux & reflux ſe repétérent ſix fois dans une demi-heure:

(*m*) On a remarqué le premier Novembre une agitation extraordinaire dans quelques riviéres, & particuliérement dans celles d'Eider & de Stouhr. Les eaux, même celles des étangs, ſont montées à une hauteur extraordinaire. Les trois luſtres de la principale Egliſe de Rendsbourg, ville du Holſtein, ont paru agités. A Emshorn, à Branſtadt, à Kellenghenſem & à Melldorff, on a obſervé les mêmes phénoménes. On a eſſuyé en Dalicarlie des ſecouſſes qui ont agité les eaux de pluſieurs lacs.

(*n*) On a eſſuyé diverſes tempêtes ſur la côte de Dantzick, dans les premiers jours de Novembre.

(*o*) On a ſenti à Milan le premier Novembre & le 9 Décembre des ſecouſſes d'un tremblement de terre. Le dernier a été plus violent : on a remarqué en pluſieurs endroits un mouvement dans les eaux.

& aux Lucayes. Car il y a des Açores à ces terres, des chaînes de communication.

Remarquez, Monsieur, que les commotions ont été fort légéres dans toute la France, l'Allemagne, l'Angleterre, l'Italie; vû l'extrême affoiblissement que le mouvement de commotion a dû éprouver dans la longueur & les détours du trajet. Aussi, comme l'eau peut être mûe par l'agitation la plus légére, les secousses n'ont pû se faire remarquer que sur ce liquide. Et cet affoiblissement, cette dégradation dans les vibrations portées à de certaines distances, malgré la situation la plus favorable des extrémités des branches, indiquera toujours un seul & même principe de commotion.

Par ce détail, vous comprenez aisément, Monsieur, la raison de cette simultanéité de commotion qui vous surprenoit, à la premiére nouvelle que je vous donnai de la correspondance marquée, qui se trouvoit dans le tems où les secousses s'étoient fait sentir en différens endroits des extrémités de l'Europe. Vous voyez maintenant que j'étois fondé à vous dire, que ces commotions, qui avoient parcouru une si grande étendue de pays, en se rendant sensibles dans les uns, sans se faire remarquer dans d'autres moins éloignés, avoient été transmises par voye de retentissement & de communication.

Pour arriver à la véritable cause des phénoménes, il est essentiel d'exposer les faits, & de les revêtir de leurs principales circonstances. C'est ce que j'ai exécuté jusqu'à présent; & vous avez pû vous convaincre que le détail des effets quadre très-exactement avec les causes. Mais, si nous remontons dans les siécles passés, nous trouverons parmi les détails des catastrophes dont ils ont été témoins, des circonstances qui viennent à l'appui de notre hypothese. Les Anciens nous parlent de tremblemens de terre, qui non-seulement se sont fait sentir à des distances très-étendues, mais dont les portions de la terre, sillonnées de montagnes, ont été les théatres affreux.

Posidonius, cité par Strabon (*lib.* I.) rapporte que Sidon fut endommagée par un tremblement de terre qui parcourut toute la Syrie, province toute parsemée de montagnes; il s'étendit jusqu'aux isles Cyclades qui ne sont, comme nous l'avons vû, que la continuation du Taurus ſous les eaux de l'Archipel, & en Eubée où paſſe cette chaîne. La plupart des villes de la Syrie furent encore détruites par un tremblement en 1182, & la terre s'ouvrit dans la campagne de Lépante.

Pline rapporte (*cap. 84. lib. 1.*) que dans un tremblement de terre, deux montagnes s'élançoient d'une maniére ſenſible l'une contre l'autre, & ſe retiroient enſuite. La commotion violente de ces maſſes ébranlées par un feu ſouterrein, détruiſit tous les bâtimens où elle put retentir.*

Ammien Marcellin rapporte que du tems de Valentinien, il y eut un tremblement de terre qui s'étendit dans tout le monde connu. (*Lib. 26. cap. 14.*)

L'Auteur d'un ouvrage qui a pour titre : *de miraculis Sancti Stephani*, & atribué à S. Auguſtin, parle d'un tremblement de terre qui renverſa cent villes (ou villages) dans la Libye. (*Tom. 7.*) Nous avons vû l'Atlas y jetter pluſieurs branches.

En 1626 les tremblemens de terre de la Pouille ſe communiquérent à Ra-

* *Namque duo montes inter ſe concurrerunt crepitu maximo adſultantes recedentesque, eo concurſu villæ omnes eliſæ.* (*Cap. 83. lib. 1.*)

guſe & de là à Smirne. On a remarqué que cette route eſt tracée par des montagnes.

En 1692 il y eut un tremblement de terre qui s'étendit en Angleterre, en Hollande, en Flandres, en France & en Allemagne. Il ſe fit ſentir, ainſi que celui de 1755, principalement ſur les côtes de la mer. Mais, ce qui eſt très-déciſif pour nous Ray, ajoute comme une circonſtance obſervée par tout, que le mouvement fut conſidérable dans les pays coupés de montagnes. (*Ray's diſcourſes, pag.* 272.)

Il y eut cette même année le 7 Juin à la Jamaïque, un des plus affreux tremblemens de terre dont on ait éprouvé les effets. Celui de l'Europe, qui dura peu, n'en auroit-il pas été l'effet & le contre-coup ?

Les ſecouſſes d'un tremblement de terre, qui parcourut preſque toute l'Italie en 1702 & 1703, ſe proménérent à Norcia, dans l'Abruzze, pays contigus & ſitués au pied de l'Appenin, à Rome, & le long de la chaîne de montagnes juſqu'à Gènes. (*Mémoires de l'Académie 1704.*) Il paroit que les matiéres enflammées ſe ſont annoncées dans différens endroits; mais les commotions ont toujours dû suivre les masses de montagnes qu'elles ont pu ébranler.

Le Pérou, où les commotions sont si fréquentes, nous fournit les mêmes preuves. Les villes qui en ont éprouvé les funestes effets, sont les unes à l'extrémité des collines qui bordent la mer du Sud, & qui sont adossées à la longue chaîne des Cordilleres remplie de volcans; & les autres à l'extrêmité des montagnes de moienne hauteur. Telle est la situation de Pisco, ville célébre, ruinée par un Tremblement de Terre en 1682; de Lima & de Callao où les secousses sont si fréquentes & produisirent de si funestes désastres en 1746. les ravages s'étendirent à Arequipa, à Cavalla, à Guanapé, aux villes de Chancay & de Guaura, dans les vallées de la Barranca, de Supé & de Petivilca. Le foyer d'où partoient les commotions qui suivirent exactement les montagnes, comme vous voyez par ce détail, se decéla par un Volcan qui creva dans le même temps à *Lucanas* & qui jetta une grande quantité d'eau. Il en créva aussi trois autres dans la montagne appellée *Conversiones de Caxa Marquilla*, situé à une très-grande distance de Lima.

Le pays de Quito, Latacunga, Riobamba, le Corregiment de Cuenca environnés de montagnes toutes crévassées sont sujets à des secousses fréquentes & désastreuses. Les villes de la Conception & de Santiago, placées à l'extrémité des branches des Cordilleres ont beaucoup souffert des Tremblemens de Terre. (Voyez le Voyage du Pérou de Ulloa) &c.

J'ai eu lieu de suivre avec attention les démarches des Tremblemens de Terre qui ont couru en 1753 & 1754, depuis Constantinople & aux environs jusqu'au Caire par Smirne, & j'ai remarqué que tous ces endroits étoient liés par des montagnes. Le principe de ces retentissemens étoit peut-être sous l'Archipel, où il y a eu tant de fois de nouvelles Isles produites du temps de Pline, de Sénéque, & en 1707 le 27 Mai, auprès de Santorin.

Ces faits qui rentrent avec tant de justesse dans le plan systêmatique que je vous ai exposé jusqu'ici, ont aussi été interprétés par les autres Physiciens en faveur de leurs hypothéses. Ce seroit donc ici le lieu de les discuter : mais je ne rappellerai que les explications formées pour expliquer comment les ſecouſſes & les commotions qui parcourent une grande étendue de pays, ſont tranſmiſes d'une maniére ſenſible. Quelques Phyſiciens ont prétendu que les matiéres inflammables non-ſeulement formoient dans le ſein de quelques cavernes des amas conſidérables, mais que ces amas étoient liés enſemble par des ſillons très-étendus, qui ſe ramiſioient dans les entrailles de la terre.

Mais tout ceci eſt ſuppoſé ſans fondement; & le ſeul beſoin d'explication lui donne de la réalité. Ces traînées de matiéres propres à fermenter & à prendre feu, ne ſont prouvées par aucune obſervation. La nature s'occuperoit-elle à remplir des mines & à former des traînées de poudre ? Doit elle copier le travail de nos tranchée ? S'il y a interruption dans les traînées, la propagation eſt interrompue; & d'ailleurs peut-on croire que les amas ayent acquis en même temps le même degré d'inflammabilité ? Toutes ſuppoſitions gratuites.

Selon quelques autres Phyſiciens, les matiéres inflammables forment à de certaines profondeurs, de grands amas qui fermentent & prennent feu, & qui par leur inflammation produisent une quantité d'air très-considérable. Cet air produit par le feu est dans un degré de raréfaction très-grand ; il cherche des issues pour s'échapper, & se précipite avec toute l'impétuosité que lui donne son ressort, dans les cavernes souterraines que lui présentent les entrailles de la Terre. Au défaut de ces routes, l'amas des matiéres inflammables dans ses explosions, lui en ouvrira, en soulevant la terre à une hauteur considérable. La terre étant soulevée le terrein qui avoisine se divise horisontalement, l'air se dilate, s'échape, va dilater d'autre air & ébranle les endroits qui lui résistent, en parcourant toutes les issues souterraines de proche en proche.

Cette explication n'est pas exemte de difficulté. L'air se refroidit autant qu'il échauffe celui qu'il rencontre. Cependant il est nécessaire qu'il conserve une activité de ressort très-puissante, tant pour s'étendre par les issues qu'on veut bien lui ouvrir, que pour produire des secousses & des commotions. Comment la raréfaction de l'air se soutiendra-t-elle à des distances aussi considérables ? Les cavernes ou fentes horifontaines produites par le foulevement de la terre dans le foyer, doivent s'ouvrir en tout fens, comme les rayons d'une circonférence, dont le foyer occupe le centre ; & l'air qui s'échaperoit par ces iffues devroit fecouer la terre dans un efpace femblable à l'aire d'un cercle. Pourquoi les fecouffes fuivent-elles donc conftamment les montagnes? Il auroit fallu faire voir que les commotions font affujéties à cette direction, parce que les cavernes font ouvertes fuivant celle des montagnes; à quoi il ne paroît pas qu'on ait encore réfléchi. Quoiqu'il en foit de cette maniére de rectifier cette hypothéfe, à quelle prodigieufe hauteur le foyer ne devroit-il pas foulever la terre, pour ouvrir à l'air des routes qui s'étendiffent à cent lieues, fi les routes ne font formées !

A ces difficultés oppofons la facilité de trouver le dénouement des principales circonftances des Tremblemens de Terre étendus, par le méchanifme que nous propofons aux Phyficiens.

On voit par le détail des faits :

1°. Que les pays parfemés de chaînes de montagnes font expofés aux fecouffes, & nous offrent en différens temps les cataſtrophes les plus terribles & les déſaſtres les plus étendus, comme la Syrie, la Libye, la Barbarie, l'Eſpagne, l'Italie, le Pérou.

2°. Les lieux adoſſés aux chaînes de montagnes ou placés à l'extrémité des branches collatérales éprouvent les commotions les plus violentes ou les plus ſenſibles. Par une ſuite de cette obſervation, les Tremblemens de Terre ſont attachés à certains lieux plutôt qu'à d'autres, & ont, après un certain temps, des repriſes dans les mêmes endroits. La Ville d'Antioche a été abimée du temps de Trajan, en 528 une ſeconde fois, en 588 une troiſiéme. Conſtantinople, Smirne, Sidon en Syrie, Norcia & les Villes des environs en Italie, les Villes du Pérou dont on a vu le détail, Liſbonne enfin n'ont-elles pas éprouvé les plus affreux bouleverſemens en différens ſiécles ? Or, la diſpoſition des montagnes qui les ébranlent eſt aſſez conſtamment la même ; mais les eaux qui forment les cavernes ſouterraines ne peuvent-elles pas les remplir ? Et la communication eſt dès lors interrompue ou pour l'air qui ſe détend, ou pour les traînées de matiéres inflammables,

3°. Certains pays très-proches des endroits les plus maltraités n'éprouvent pas la plus légére commotion, pendant que d'autres plus éloignés en ressentent les effets. Cette observation assez décisive est fortifiée par cette autre: que les endroits préservés sont plats & ne communiquent point aux chaînes. On voit par là, que les pays plats ne seront pas les théatres des désastres que produisent les Tremblemens de Terre généraux : & que ceux que les secousses vont chercher à une grande distance sont liés par des montagnes. Pourquoi ces endroits qui sont proches des autres ne participeroient-ils pas aux secousses, si leur propagation s'exécutoit par la masse de la Terre indistinctement ? Nous voyons la Catalogne, le Royaume d'Arragon & de Valance préservés des commotions qui ont parcouru la Castille & les Provinces méridionales & qui se sont même transmises en Allemagne. Les tremblemens suivent une certaine bande de terre décrite par les chaînes.

4°. Les Tremblemens de Terre ont lieu pendant un temps calme & serein. La commotion ne se transmet donc pas par le moien d'un air agité, ni par l'expansion des matiéres inflammables.

On observa que le temps étoit calme à Rome le 2 Février 1703 ; & les Nouvelles publiques ont remarqué cette circonstance pour tous les lieux où les secousses se sont fait sentir.

5°. Dans les endroits où la terre s'ouvre on ne voit ni feu ni fumée, la fumée que l'on croit voir n'est produitè que par la poussiére qui s'éleve, lorsque la terre éprouve des bouleversemens. Cette remarque est de Dom Juan de Ulloa ; elle a été faite à Lisbonne, & par l'équipage du Navire Hollandois lors de la chute du Mont Zizambre.

6°. Les secousses quoiqu'instantanées s'exécutent par différentes reprises très-marquées ; ce qui annonce un mouvement de commotion & de retentissement.

7° La plupart des secousses produisent un balancement qui porte les objets capables d'oscillation du Nord au Sud ou vers d'autres points de l'horison. Je pense que la direction des oscillations n'est pas plus constante que la direction des leviers qui communiquent le retentissement. En 1703, le 2 Fév. à Rome les vibrations des lampes des Eglises furent du Nord au Sud, direction

tion de l'Appennin. En 1688, à Smirne le mouvement fut de l'Est à l'Ouest, direction de la chaîne qui y aboutit. Les oscillations des eaux en Normandie, ont été du Nord au Sud, disposition de la branche collatérale qui s'y ramifie. Si l'on fait attention aux secousses, on se convaincra que les vibrations sont constamment dirigées suivant la longueur du levier qui en est le principe. Ces mouvemens de vibration ne peuvent être produits par un air dilaté qui s'échappe irréguliérement & souvent dans des directions contraires, ni par des matiéres enflammées qui soulevent des masses & les écartent en tout sens.

8°. Certaines secousses sont irréguliéres, précipitées, brusquées & suivies d'un grand désastre; d'autres sont réguliéres, s'exécutent par des reprises assez sensibles & se bornent à un simple balancement. Ce méchanisme s'explique facilement. L'action des secousses se porte par voie de retentissement à l'extrémité des branches, où les masses animées par le mouvement, cédent de proche en proche, & éprouvent des vibrations plus ou moins étendues suivant l'énergie de l'impression & la quantité de terre qu'il faut déplacer. Si les masses obéissent également, & qu'elles puissent se rétablir avant une nouvelle secousse, il y aura un simple balancement. Mais si les masses n'obéissent pas également & qu'elles se désunissent, parce que les retentissemens les animent avec des forces différentes, ou parce qu'une partie seulement peut se prêter au déplacement, dès-lors la terre s'ouvre, se fend & se bouleverse. Il en est de même, si, avant que les masses ayent pu se rétablir, de nouvelles secousses qui se succédent par des reprises brusquées & irréguliéres, viennent les heurter & y produire des ébranlemens qui ne soient pas isochrones : le retentissement se distribue alors irréguliérement sur toutes les parties d'un tout qui chancele, se désunit & tombe en débris. On éprouvera les mêmes désastres, si le retentissement aboutit au même endroit par différentes branches de montagnes dont les impressions s'entrechoquent.

9°. Le Gentil dans ses Voyages, tom. 1. p. 172, observe que si la caverne, où il prétend que le feu souterrain est renfermé, va du Septentrion au Midi, & que la longueur des rues s'étende du

Nord au Sud, les édifices sont renversés; mais que les secousses font moins de ravages si les rues sont dirigées de l'Orient à l'Occident. A Smirne en 1688, les vibrations se firent sentir d'Occident en Orient; les murs du Château de cette Ville, qui étoient dans cette direction, furent abattus; mais ceux qui alloient du Nord au Sud, résistérent aux commotions. Le retentissement qui se communique aux masses isolées sur la surface de la terre trouve plus de prise dans les murs disposés suivant la direction de ses secousses: car se distribuant successivement dans toutes les parties, il les désunit avec plus de facilité. Ceux qui croisent cette direction recevant en même temps l'impression d'une secousse y obéissent de même, & l'écroulement ne doit pas s'ensuivre.

10°. Les secousses doivent se faire sentir dans les mers parsemées de chaînes de montagnes; mais elles ont cela de particulier qu'elles s'annoncent dans les bâtimens par une commotion assez semblable à celle que produiroit un poids de 20 ou 30 quintaux qu'on jetteroit sur le lest, d'un endroit élevé. Les vaisseaux se tourmentent quoique la surface de la mer soit tranquille; les canons sautent de leurs affuts, & plusieurs Navigateurs ont cru avoir donné contre des rochers. * Ce ne peut être qu'un mouvement de retentissement qui produise ces effets. La surface de l'eau de la mer étant unie, le fond ne doit pas être soulevé ni déplacé, il retentit seulement contre l'eau, & l'eau contre les flancs du vaisseau.

11°. Si le foyer de l'explosion se trouve placé ou à lextrémité d'une branchecollatérale ou dans des pays plats, les secousses ne se transmettent qu'à une très-petite distance: le foyer n'étant pas également soutenu, porte ses efforts vers l'extrémité de la branche où il trouve moins de résistance, & la commotion pénétre peu dans le tronc. Vous voyez par là qu'on ne doit pas placer le foyer à Lisbonne, ni dans la partie de l'Afrique la plus maltraitée: lorsqu'il se trouve dans un pays plat, aucun levier qui

* Voyez le Gentil, *loco citat.* & *Shaw.* Celui-ci ajoute que quelques Navigateurs avoient éprouvé ces commotions à 40 lieues à l'Ouest de Lisbonne; & dans ce dernier Tremblement plusieurs Navigateurs ont ressenti les secousses en mer à plus de 150 lieues des côtes d'Espagne.

puiſſe communiquer ſes ſecouſſes n'y aboutiſſant, l'ébranlement doit ſe diſtribuer dans toute la maſſe de la terre qui l'environne & s'étendre peu par conſéquent.

Les autres phénoménes, comme les terreins qui s'affaiſſent ou bien qui s'élevent; les ſources d'eau qui tariſſent & qui reparoiſſent enſuite ou dans le même endroit ou dans d'autres; les mouvemens de la mer qui s'éloigne des rivages ou qui rompt ſes barrieres & inonde les terres, ſont des effets qui viennent ſe placer trop naturellement parmi les conſéquences du méchaniſme adopté, pour exiger une diſcuſſion particuliére.

Vous pouvez vous convaincre, Monſieur, de la juſteſſe des principes par leur application aux phénoménes. Le méchaniſme eſt ſimple; les piéces qui le compoſent, les agens qui les meuvent peuvent ſe vérifier par l'inſpection des lieux où toute cette grande machine à joué. Je préſume avec quelque fondement que les détails qu'on pourra recueillir ſur les événemens paſſés, ſe rangeront ſans effort, & comme des conſéquences naturelles, ſous les loix du plan ſyſtêmatique que je viens de tracer.

Mon but, en répandant ces vûes dans le public, a été de rendre les obſervateurs ſinguliérement attentifs aux circonſtances particuliéres & locales qui ſont capables de nous faire ſaiſir avec préciſion la marche de la nature ; tout ce qui eſt vague n'éclairant jamais aſſez pour qu'il en réſulte quelque inſtruction ſolide ou une théorie intéreſſante. Bien loin d'aſſujettir la nature à ne point s'écarter des limites que je parois lui circonſcrire, je me ſens aſſez de courage pour ſoutenir la diſcuſſion des faits, & aſſez peu de prévention pour craindre de ne pas être déſabuſé lorſqu'elle s'expliquera d'une maniére non équivoque contre mon hypothéſe. Il eſt à deſirer qu'on continue à s'aſſurer ſi les lieux où les ſecouſſes ont été les plus violentes, ſont ſitués ſur l'extrémité des branches de montagnes, comme ils le paroiſſent à l'inſpection du globe ; ſi les ſecouſſes ſe ſont exécutées par des balancemens qui agitoient les objets ſuivant une direction horiſontale, & non par des boutades & des ſoulevemens irréguliers, &c. Les déſaſtres ſe ſont malheureuſement trop multipliés pour ne pas offrir ces variétés d'effets qui nous donnent lieu de saisir au milieu des différences accessoires, le point essentiel qui les réunit & qui les caractérise; comme d'être placés sur les chaînes de montagnes ou sur les branches, &c. Au reste, Monsieur, je consens très-sincérement à laisser mes vûes pour ce qu'elles sont, & à voir la Physique réduite à des peut-être sur cette matiére, si elle ne devoit acquérir des observations décisives que par une suite de nouveaux désastres. Mais je pense que nous pouvons profiter de nos malheurs; & qu'il est toujours permis & utile d'envisager la Nature jusques dans ses écarts les plus terribles, surtout lorsque les lumiéres qu'on tirera de cet examen peuvent nous conduire aux moyens ou d'en prévenir ou d'en diminuer les effets. Qui feroit difficulté de choisir des emplacemens dans des plaines, ou de transporter dans des vallons préservés des tremblemens, des habitations qui ont éprouvé les secousses à plusieurs reprises, comme Lisbonne? &c. Le bien de l'humanité semble lié à ces idées que je vous ai présentées d'abord sous le ton d'une hypothése peu intéressante.

Si les démarches extérieures de la Nature se trouvent conformes à nos vûes, vous ne ferez pas difficulté d'en tirer les mêmes conséquences que je viens d'indiquer. Mais par rapport à l'activité & à l'étendue du méchanisme de la propagation des secousses, vous resteroit-il encore des scrupules ? Je me suis contenté de l'exposer sans discourir longuement sur les objections qu'on pourroit faire, que j'ai prévues en partie & que je discuterai par la suite. Si vous n'avez rien de plus décisif que vos scrupules à lui opposer, je vous dirai que vous ne pouvez pas mesurer les forces de la nature sur nos foibles imitations, & considérer comme impossible un effet qui devient possible par des agens dont vous ignorez la puissance ou son application : agens que je vous ai fait envisager par des appropriations grossiéres. Je n'aurai pas recours, pour vous persuader, à des analogies qui vous paroîtroient peut-être plus brillantes que solides. Je ne vous dirai pas que l'électricité peut vous fournir des motifs très-puissans, & des présomptions très-fortes pour admettre cette propagation si prompte & si étendue : si l'explosion d'un canon, vous ajouterois-je, a électrisé les vitres du Trésor de Londres, le foyer rempli de matiéres enflammées dans ſes exploſions infiniment plus conſidérables n'électriſera-t-il pas les chaînes de montagnes que j'ai diſtribuées ſur la ſurface des continens, qui feront l'office d'énormes conducteurs & qui tranſmettront comme eux les commotions par les angles & par les pointes ? Je n'appuyerai pas ces premiéres idées qui vous plaiſent, ſur des expériences délicates & très-certaines, qui nous prouvent que la propagation des commotions par un fil de fer très-long, eſt preſqu'inſtantanée, & ſe porte à des diſtances très-conſidérables ſans paroître aſſujettie à une ſucceſſion bien ſenſible dans ſa marche. Je ne vous ferai pas enviſager, par une ſuite de ces prétentions, nos groſſes maſſes de montagnes iſolées ſur des baſes ou plateaux de ſables; le fluide électrique répandu dans l'air & s'annonçant par des globes de feu & d'autres météores: enfin tout l'attirail d'un laboratoire électrique dans la communication des Tremblemens de Terre. Vous m'objecteriez ſans doute que la Nature n'eſt pas obligée d'imiter des opérations groſſiéres imaginées pour la copier: qu'elle ne doit pas ſuivre actuellement les procédés électriques préciſément, parce que nous nous en occupons davantage ; que cet appareil de montagnes qui ſervent de *conducteurs*, qui *s'électriſent*, qui ſont *iſolées* ſur des lits de ſable, n'eſt qu'un jargon philoſophique que la Phyſique a acquis depuis quelque temps, ſans nous fournir des faits aſſez lumineux pour produire des idées nettes qu'on puiſſe attacher à ces termes.

Eh bien ! Monſieur, ſi vous ne m'en croyez pas, ce que je n'oſe exiger ici de votre amitié ni de votre diſcernement, croyez donc tous ces contes & ces ſornettes ſçavantes qui ſe débitent de tous côtés : on incline l'axe de la terre, on rapproche Saturne, Mars, &c. on aggrandit les jours, &c. futilités qui ſe détruiſent par elles-mêmes dans les bons eſprits, mais qui jettent dans ceux du plus grand nombre de funeſtes perplexités : fiez-vous-en aux prédictions de ceux qui veulent ſe rendre importans en ſe rendant terribles, & qui calculent les démarches futures des ſecouſſes pendant qu'elles s'obſtinent à ne pas plus reſpecter leurs ordres géometriques que les bâtimens de Liſbonne.

Vous trouverez plus de conſolation

dans le plan que je viens de vous expoſer. J'ai cru qu'un écrivain ſage de voit s'attacher au conſeil de Sénéque : il penſe que, dans ces * circonſtances, on doit avoir l'attention de raſſurer les eſprits des perſonnes crédules contre les fraïeurs qui les tourmentent. Cependant ce diſcoureur qui ſe propoſe cet objet, étale de grandes raiſons pour prouver qu'on doit ſe conſoler parce qu'il n'y a aucun pays d'exempt; que la crainte du danger n'eſt pas raiſonnable, parce qu'un homme n'occupe qu'un très-petit coin dans l'univers & qu'il ne doit pas ſe croire aſſez important pour redouter des déſaſtres au milieu deſquels il peut diſparoître ſans conſéquence. Comme ſi un homme n'étoit pas très-raiſonnable de ſe croire le centre de tout, & de penſer que la ruine de l'univers eſt attachée à celle de ſa perſonne. Mais c'étoit là le ton de la Philoſophie ancienne, nous cherchons aujourd'hui celui du citoyen & du patriote.

J'ai établi ſur une ſuite de faits conſtans, deux vérités qui peuvent nous raſſurer : la premiere, que les ſeules ex-

* *In hoc tempus congruens caſus : quærenda ſunt trepidis ſolatia ac demendus ingens timor. Quæſt. Natur. Lib. V. cap. 1.*

trémités des chaînes ou des branches collatérales qui communiquoient au foyer, étoient exposées aux secousses violentes : la seconde, que le foyer étoit éloigné de nous & que le retentissement qui pourroit y parvenir en suivant les ramifications, s'annonceroit seulement par des oscillations dans les eaux ou par des vibrations peu dangereuses.

Les volcans de l'Auvergne ont épuisé tous ces amas de matiéres capables de nous causer plus que des allarmes : ainsi la nature est tranquille dans le beau pays que nous habitons. Heureux ! si nous sçavons profiter de cette tranquillité à laquelle son état de repos nous invite ; & si les causes morales ne produisent plus de ces agitations presqu'aussi funestes que les désastres des causes Physiques. Nous avons tout lieu d'esperer ce double avantage : mais en nous rassurant, plaignons nos voisins, & ne leur insultons pas. Les démarches de la Nature en grand ont droit de nous étonner dans quelque lointain qu'elles soient apperçues. Le Physicien n'y découvre que du bitume, du souffre, des minéraux, des pirites qui fermentent & qui s'enflamment, des montagnes agitées ; mais un Philosophe voit un bout de levier ébranlé & les peuples de vastes continens dans la désolation ou dans les allarmes : sous ce point de vûe, quelles ressources n'a donc pas, s'écrie-t-il, le suprême Moteur de toutes choses, pour faire redouter son courroux à ceux qui ont tout lieu de le craindre, & pour reveiller par des avis salutaires ceux qui seroient tentés de s'oublier ?

A Paris, ce 30 Décembre 1755.

POST-SCRIPTUM.

Il ne sera pas inutile, puisque le temps me le permet, de vous faire observer que les détails qu'on reçoit tous les jours confirment les idées que je vous ai développées. Je ne vous parlerai pas des différentes villes d'Espagne, de Portugal & de l'Afrique adossées toutes aux chaînes collatérales : je remarquerai seulement que les secousses qui ont été les plus violentes pour le Portugal & l'Afrique, se sont transmises les mêmes jours à des distances très-grandes ; telles sont celles du premier, du 18, du 27 Novembre ; le 9 & le 11 Décembre, jours où l'on a ressenti des secousses en Baviére, Lisbonne a éprouvé un nouveau Tremblement. En Angleterre on a reſſenti à Irton le 17 Novembre dans le Duché de Cumberland & dans le Comté d'Héreford, un Tremblement de Terre qui a renversé quelques maiſons. Ces violentes commotions ſe ſont tranſmiſes par une chaîne qui ſe continue directement ſous l'eau, depuis les Açores ou aux environs juſqu'au Duché de Cumberland. Il y a eu des Tremblemens dans le Groenland & dans l'Iſlande, pendant les mois de Septembre & d'Octobre, mais ces ſecouſſes ont pu avoir d'autres principes que celles de l'Europe. Il me reſte à vous parler d'une circonſtance que j'avois prévûe, pag. 36. c'eſt le retentiſſement qui s'eſt communiqué aux côtes Orientales de l'Amérique, correſpondantes à la chaîne qui y aboutit par les Açores. Le 18 Novemb. la ville de Boſton a ſouffert pluſieurs ſecouſſes, il eſt tombé un grand nombre de cheminées & la mer s'eſt enflée. Il y a eu à la Barbade, à Antigoa & dans la plupart des autres Iſles une agitation dans les eaux ſemblable à celle qu'on a remarquée en divers endroits de l'Europe. Le même jour 18 Novembre, il y a eu de fortes ſecouſſes à Philadelphie & dans la Nouvelle-Yorck. Or, toutes ces isles, toutes ces côtes sont liées par la continuation de nos chaînes, ainsi que le Groenland. C'est un effet du recul de la bouche à feu, qui a tourné son action principale contre l'Europe, où le 18 Novembre a été aussi marqué par des secousses. Le foyer paroit plus près de l'Europe que de l'Amérique. L'on a découvert à quelques lieues de Cadix, un rocher à fleur d'eau & qui paroit avoir été produit par les explosions des matiéres enflammées qui ont retenti en différens endroits.

FIN.

www.ingramcontent.com/pod-product-compliance
Lightning Source LLC
LaVergne TN
LVHW010001230826
846092LV00002B/598
* 9 7 8 2 3 2 9 6 8 2 3 9 6 *